ANTONIA MÁRCIA LOPES ALMEIDA
AUGUSTO EVERTON DIAS CASTRO
ANTONIA MAURYANE LOPES
ÉRICKA MARIA CARDOSO SOARES

BREVES CONSIDERAÇÕES SOBRE A PESQUISA EM SAÚDE:
Tópicos Essenciais

1ª Edição

Copyright © Antonia Márcia Lopes Almeida, Augusto Everton Dias Castro, Antonia Mauryane Lopes, Éricka Maria Cardoso Soares. 2013. Todos os direitos reservados.

Dados Internacionais de Catalogação na Publicação
(CIP)

A447b   Almeida, Antonia Márcia Lopes.
    Breves considerações sobre a pesquisa em saúde: tópicos essenciais / Antonia Márcia Lopes Almeida, Augusto Everton Dias Castro, Antonia Mauryane Lopes, Éricka Maria Cardoso Soares – Raleigh: Lulu Publishing, 2013. 58 f.

    ISBN: 978-1-304-58233-1

    1. Pesquisa. 2. Metodologia Científica. 3. Saúde e Ciência.
    I. Título

    CDU: 001.8

Sumário
Summary

Autores 4

Apresentação 6

1. Bases conceituais da pesquisa: tema, problema e objeto 7

2. Conceitos fundamentais na pesquisa: objetivo, questões norteadoras e justificativa 18

3. Considerações sobre marco teórico/referencial na pesquisa científica 27

4. Elementos pós-textuais e princípios éticos na pesquisa científica 38

5. Instrumento de coleta de dados: pré-teste e validação 47

AUTORES
Authors

Antonia Márcia Lopes Almeida

Licenciada em Educação Física pela Universidade Estadual do Piauí. Especialista em Treinamento Físico-Desportivo pela Universidade Federal do Piauí, Psicopedagogia Institucional pela Faculdade de Ciências e Tecnologia de Teresina e Coordenação Pedagógica pela Universidade Federal do Piauí. Professora da rede municipal e estadual de ensino de São João da Serra – PI. Coordenadora do Ensino Médio da rede estadual de ensino de São João da Serra – PI. Professora participante do Pacto Nacional pela Alfabetização na Idade Certa.

Augusto Everton Dias Castro

Acadêmico de Enfermagem da Universidade Federal do Piauí. Acadêmico de Direito do Centro de Ensino Superior do Vale do Parnaíba. Ex-bolsista do projeto de extensão "Assistência humanizada à mulher no ciclo gravídico-puerperal". Ex-extensionista nos projetos "Assistência de enfermagem: contribuições na saúde reprodutiva de presidiárias de penitenciária feminina de Teresina – PI" e "Assistência de Enfermagem aos trabalhos do Centro de Abastecimento do Piauí (CEAPI)". Membro do Núcleo de Estudos e Pesquisas sobre o Cuidar Humano e Enfermagem (NEPECHE/UFPI) e do Grupo de Estudo, Pesquisa e Extensão em Estomaterapia e Tecnologia (GEPEETEC/UFPI).

Antonia Mauryane Lopes

Acadêmica de Enfermagem da Universidade Federal do Piauí. Ex-bolsista PIBIC/UFPI "Banco de leite humano da cidade de Teresina – PI: análise das doadoras e da autoeficácia em amamentação". Ex-ICV "Ações de enfermagem e implicações para o autocuidado de pessoas com diabetes mellitus na zona centro-norte de Teresina". Ex-bolsista dos projetos de extensão "Assistência humanizada à mulher no ciclo gravídico-puerperal" e "Ações de enfermagem em diabetes na comunidade: fortalecendo práticas do autocuidado". Ex-extensionista no projeto "Assistência de enfermagem à pessoa idosa em um serviço de neurologia do Hospital Getúlio Vargas".

Éricka Maria Cardoso Soares

Acadêmica de Enfermagem da Universidade Federal do Piauí. Ex-bolsista dos projetos de extensão "Assistência humanizada à mulher no ciclo gravídico-puerperal" e "Assistência de enfermagem: contribuições na saúde reprodutiva de presidiárias de penitenciária feminina de Teresina – PI". Membro do Núcleo de Estudos e Pesquisas sobre o Cuidar Humano e Enfermagem (NEPECHE/UFPI).

APRESENTAÇÃO
Presentation

Este livro é um apanhado das bases metodológicas e pressupostos científicos que servem para a elaboração de projetos de pesquisa; um guia rápido e interativo, voltado essencialmente para estudantes de graduação, em especial da área da saúde.

O texto é apresentado em cinco capítulos, a saber:

1. Bases conceituais da pesquisa: tema, problema e objeto;

2. Conceitos fundamentais na pesquisa: objetivo, questões norteadoras e justificativa;

3. Considerações sobre marco teórico/referencial na pesquisa científica;

4. Elementos pós-textuais e princípios éticos na pesquisa científica;

5. Instrumento de coleta de dados: pré-teste e validação.

Para facilitar o entendimento desses conteúdos, o livro traz, no final de cada capítulo, um fluxograma ilustrativo e exemplificativo para permitir melhor apreensão dos assuntos, bem como um exercício de fixação composto por perguntas objetivas e subjetivas.

Antonia Mauryane Lopes
Augusto Everton Dias Castro

BASES CONCEITUAIS DA PESQUISA: TEMA, PROBLEMA E OBJETO
Conceptual bases of research: theme, problem and object

RESUMO

As bases conceituais que permeiam a pesquisa são atributos essenciais para o desenvolvimento de um estudo científico. O objetivo do presente estudo é descrever essas bases. A pesquisa é um método para alcançar à ciência mediada por conhecimentos. O tema se comporta como a primeira medida a ser tomada para planejamento da pesquisa. É o assunto que se deseja estudar. Problema é uma indagação, uma pergunta que se pretende responder no desenrolar do trabalho. Objeto da pesquisa é aquilo que baseia a própria pesquisa, possibilitando sua existência, e pode ser encarado como limite da pesquisa. Diante desses conceitos, parte-se para elaboração do projeto de pesquisa respeitando as regras existentes, sendo as mais comuns aquelas propostas pela Associação Brasileira de Normas Técnicas (ABNT).

Palavras-chave: Tema; Problema; Objeto.

ABSTRACT

The conceptual bases that permeate the research are essential attributes for the development of a scientific study. The aim of this study is to describe these bases. The research is a method to achieve the science mediated by knowledge. The theme behaves as the first measure to be taken for research planning. It is the subject to be studied. Problem is a question that intends to answer in the course of the work. Object of the research is the basis of the research, allowing its existence, and may be regarded as the limit of the survey. Facing these concepts, is then initiated the development of the research project respecting the existing rules. The most common are those proposed by the Brazilian Association of Technical Standards (ABNT).

Keywords: Theme; Problem; Object.

INTRODUÇÃO

A pesquisa, entendida como o procedimento racional e sistemático que objetiva proporcionar respostas aos problemas propostos, é desenvolvida mediante o concurso de conhecimentos disponíveis e a utilização cuidadosa de métodos e técnicas de investigação científica (GIL, 2010).

Ao final dos cursos de graduação e pós-graduação, diversos alunos deparam-se com a missão de desenvolver e defender um projeto de pesquisa, constituindo assim fase obrigatória para conclusão do curso em determinadas instituições de ensino superior.

A importância do projeto de pesquisa versa sobre o fato de o pesquisador planejar o caminho a ser percorrido, de modo que consiga eficazmente galgar um fim pretendido. É importante frisar que o desenvolvimento de uma pesquisa envolve fases que estão inter-relacionadas, porém cada uma com suas respectivas divisões, a saber: o projeto de pesquisa, a coleta, a análise e a discussão dos dados (teóricos e/ou práticos) e a elaboração do relatório final escrito.

Diante dessas abordagens, Tartuce (2006) aponta que a metodologia científica origina-se do grego *methodos*, cujo significado literal pode ser entendido como: "caminho para chegar a um fim". Deste modo, o caminho em direção a um objetivo estabelecido. A metodologia pode ser entendida também como o conjunto de regras e procedimentos instituídos para realizar uma pesquisa. Corroborando com essa afirmação, é importante salientar que todo trabalho acadêmico-científico deve ser elaborado com base em normas, sendo as mais comuns aquelas propostas pela Associação Brasileira de Normas Técnicas (ABNT).

Tal conjunto metodológico visa proporcionar melhor qualidade produtiva no desenvolvimento de trabalhos científicos. Nesta perspectiva, é essencial que o acadêmico da área da saúde compreenda o "passo a passo" de como elaborar um projeto de pesquisa, partindo de conceitos fundamentais.

Desse modo, a presente pesquisa objetiva descrever as bases conceituais da pesquisa, quais sejam: tema, problema e objeto de pesquisa.

DESENVOLVIMENTO

A escolha do tema é o primeiro passo no planejamento da pesquisa, seguido pela definição do problema, ou mesmo transformação do tema em problema. Assim sendo, o tema escolhido deve ser questionado pelo pesquisador, que, por ventura, deve "transformá-lo" em problema de pesquisa (CERVO; BERVIAN; SILVA, 2007).

Segundo Lakatos e Marconi (2010), tema é o assunto que se deseja estudar e pesquisar. Na escolha do tema o pesquisador deve selecionar assuntos que comunguem com suas aptidões, tendências e possibilidades nas quais deseje atuar enquanto profissional. Diversas podem ser as fontes para escolha do tema. Essas se originam de experiências, leituras, observação dos campos de estágios curriculares e extracurriculares, bem como de temáticas abordadas em sala de aula.

Após a escolha do tema, o passo seguinte é sua delimitação. Alerta-se, de antemão, que é importante que se evite a escolha de temáticas muito gerais, pois estas impossibilitam o aprofundamento do estudo. Estratégias interessantes são a delimitação histórica ou geográfica do tema, bem como o tratamento que vai ser dispensado a ele (psicológico, sociológico, filosófico, estatístico etc.) (LAKATOS; MARCONI, 2010; CERVO; BERVIAN; SILVA, 2007).

Uma forma de facilitar o estudante na escolha do tema é pensar sobre os campos de especialidade que mais lhe interessam, os temas que mais o instiguem e, daqueles que já estudou, qual lhe dá mais vontade de se aprofundar e pesquisar (GIL, 2010). Optar por um assunto compatível com as qualificações pessoais, disponibilidade de tempo para pesquisa, existência de obras pertinentes ao assunto em número suficiente para o estudo global do tema e possibilidade de consultar especialistas da área são aspectos que também devem ser observados (LAKATOS; MARCONI, 2010).

Mediante a indicação do tema, é imperativo que o pesquisador aponte um problema a ser discutido. Tomando por base esse pressuposto, problema pode ser caracterizado por diferentes autores, mas que explanam uma significação semelhante. Segundo Gil (2002), "problema é qualquer questão não resolvida e que é objeto de discussão, em qualquer domínio do conhecimento". O estudante ou pesquisador, ao estabelecer um tema, decisivamente deve atentar para as possíveis dificuldades a ser solucionadas pelo estudo. Outro conceito, desta vez trazido por Lakatos e Marconi (2010), é que problema pode ser entendido como um assunto controverso, que ainda não foi completamente elucidado em algum campo do saber, e que tem a capacidade de ser objeto de pesquisas científicas ou discussões no ambiente acadêmico.

A escolha e formulação do problema de pesquisa é uma das tarefas mais difíceis da construção da proposta da pesquisa. O problema emerge do tema, e norteará todo o processo de investigação (TOZONI-REIS, 2009).

Lakatos e Marconi (2007) afirmam que o problema compreende um enunciado explicitado de forma clara, compreensível e operacional, para o qual a solução pode ser obtida por meio de uma pesquisa. Conforme Silva e Menezes (2000), problema é uma questão que o trabalho pretende responder.

Em consonância com tais afirmações, compreende-se que todo processo de desenvolvimento do trabalho irá volver em torno de sua solução, ou seja, do problema evidenciado. É inegável que o problema abordado no estudo impulsiona o pesquisador a buscar uma resposta. Logo, é primordial que o problema esteja vinculado ao tema escolhido.

Outro termo a ser compreendido dentro do processo inicial de construção do projeto cientifico é o objeto de pesquisa. Segundo Lakatos e Marconi (2010), o objeto de pesquisa engloba termos como problema e hipótese. Assim, o objeto dentro do tema responde a pergunta: o quê?. Corresponde àquilo que se deseja saber ou realizar a respeito do sujeito. É o conteúdo central em torno do qual permeia toda a discussão. Portanto, o objeto de pesquisa é aquilo que baseia a pesquisa, é o que de fato possibilita sua existência. É um nível de limite da pesquisa.

CONCLUSÃO

A adequada elaboração das bases conceituais do projeto de pesquisa representa um fator determinante na condução do estudo. Criatividade e conhecimento do estado da arte do campo do saber a ser aprofundando é essencial, para que a escolha de um tema de vanguarda, um problema de interesse atual e um objeto exequível e capaz de ser debatido, conduzam a uma pesquisa de excelência.

FLUXOGRAMA

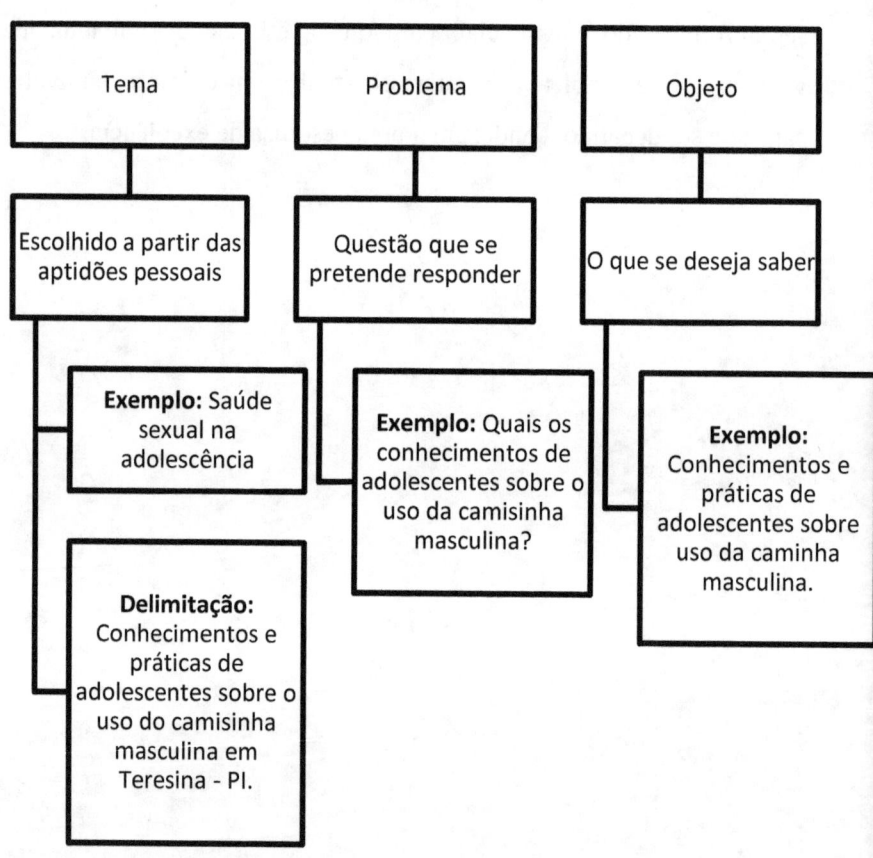

EXERCÍCIO DE FIXAÇÃO

Com base na leitura e estudo do capitulo anterior, propomos o seguinte exercício para fixar os conteúdos sobre as bases conceituais para o desenvolvimento da pesquisa científica. Será interessante respondê-lo, pois estará colocando em prática o que você assimilou. Boa sorte!

1. Segundo Gil (2010), entende-se (.....) como o procedimento racional e sistemático que objetiva proporcionar respostas aos problemas propostos. Qual alternativa abaixo completa o conceito citado?

( ) Tema

( ) Problema

( ) Objeto

( ) Pesquisa

2. Corresponde àquilo que se deseja saber ou realizar a respeito do sujeito. É o conteúdo central em torno do qual permeia toda a discussão. Portanto, (.....) é o nível de limite da pesquisa. Com base nos conceitos dispostos no capítulo anterior, aponte o termo que completa o sentido do enunciado.

_____

3. Para realizar um projeto pesquisa, é essencial que o acadêmico compreenda o "passo a passo" de como elaborar um projeto de pesquisa partindo de conceitos fundamentais. Nessa perspectiva, conceitue TEMA.

_____

_____

_____

Tema, Problema e Objeto

4. Complete as sentenças: Mediante a indicação do (...), é imperativo que o pesquisador aponte um problema a ser discutido. O (...) pode ser entendido como um assunto controverso, que ainda não foi completamente elucidado em algum campo do saber, e que tem a capacidade de ser objeto de pesquisas científicas ou discussões no ambiente acadêmico.

( )Objeto/problema;
( )Tema/problema;
( )Pesquisa/tema;
( )Objetivos/pesquisa

5. Nas instituições acadêmicas de ensino superior, em sua maioria, ao final dos cursos de graduação e pós-graduação, diversos alunos deparam-se com a missão de desenvolver e defender um projeto de pesquisa, constituindo assim fase obrigatória para conclusão do curso. Nesse sentido, elabore um tema, apresente um problema e proponha objetivos para serem desenvolvidos por você em uma suposta pesquisa científica na área da saúde.

_____
_____
_____
_____
_____

REFERENCIAS

CERVO, A. L; BERVIAN, P. A.; SILVA, R. **Metodologia científica.** 6 ed. São Paulo: Pearson Prentice Hall, 2007.

GIL, A. C. **Como elaborar projetos de pesquisa.** 5. ed. São Paulo: Atlas, 2010.

GIL, A.C. **Como elaborar projetos de pesquisa.** 4 ed. São Paulo: Atlas, 2002.

LAKATOS, E. M.; MARCONI, M. A. **Fundamentos de Metodologia Científica.** 7. ed. São Paulo: Atlas, 2010.

SILVA, E. L.; MENEZES, E. M. **Metodologia da pesquisa e elaboração de dissertação.** Florianópolis. Laboratório de Ensino à Distância da Universidade Federal de Santa Catarina, 2000.

TARTUCE, T. J. A. **Métodos de pesquisa.** Fortaleza. Universidade do Ceará (UNICE) – Ensino Superior, 2006.

TOZONI-REIS, M. F. C. **Metodologia da Pesquisa.** 2. ed. Curitiba: IESDE Brasil S.A., 2009.

CONCEITOS FUNDAMENTAIS NA PESQUISA: OBJETIVOS, QUESTÕES NORTEADORAS E JUSTIFICATIVA
Fundamental concepts in research: objectives, guiding questions and justification

RESUMO

A pesquisa científica se caracteriza como um instrumento de investigação, pela qual se planeja sua execução e, diante de um perfil crítico, selecionam-se as fontes com assuntos inerentes ao tema escolhido. O presente estudo objetiva descrever os conceitos fundamentais das etapas essenciais para a formulação do projeto de pesquisa. Objetivo de uma pesquisa é o assunto que se quer estudar. As questões norteadoras definem-se como a elaboração de hipóteses, e, por meio da justificativa do trabalho, o pesquisador busca responder o "porquê" realizar tal estudo. A definição dessas etapas auxilia o desenvolvimento eficaz de um estudo científico.

Palavras-Chave: Objetivos; Questões norteadoras; Justificativa.

ABSTRACT

Scientific research is characterized as a research tool, in which is planned its execution, in front of a critical profile, selecting the sources with issues inherent to the chosen theme. This study aims to describe the fundamental concepts of the essential steps for the formulation of the research project. Objective of research is the subject to be studied. The guiding questions are defined as the development of hypotheses, and, through the justification of the work, the researcher seeks to answer the "why". The definition of these steps helps the effective development of a scientific study.

Keywords: Objectives; Guiding Questions; Justification.

INTRODUÇÃO

É condição essencial que a pesquisa tenha objetivos determinados, para que assim se saiba o que procurar e o que se pretende alcançar. Os objetivos devem ser delimitados e claramente definidos, tornando explicito o problema e aumentando os conhecimentos sobre o assunto. Pode definir a natureza do trabalho, o tipo de problema e o material a coletar. Dividem-se em intrínsecos (referem-se aos problemas que se quer resolver) ou extrínsecos (externos ao problema em si, como resolução de problemas pessoais, produção de algo original), teóricos ou práticos, gerais ou específicos, a curto ou longo prazo (LAKATOS; MARCONI, 2010).

Para desenvolver um projeto de pesquisa, são utilizados alguns termos essenciais para delimitar o trabalho, como objetivos, questões norteadoras e justificativa. O objetivo central desta pesquisa é descrever os conceitos de cada um.

DESENVOLVIMENTO

Os objetivos de uma pesquisa definem, por vezes, um assunto que se propõe estudar. Existem dois tipos de objetivos: os objetivos gerais e específicos. Os objetivos gerais procuram determinar, com precisão, a finalidade do pesquisador com relação ao que estuda. Ressalta-se que, em pesquisa bibliográfica para graduação em saúde, tais objetivos buscam essencialmente identificar, levantar ou diagnosticar um determinado assunto. Os objetivos específicos emergem dos objetivos gerais, pois significam aprofundar o que se estabeleceu nestes. Tais objetivos são ditos intermediários e significam com quais finalidades o pesquisador se propõe pesquisar um tema (CERVO; BERVIAN; SILVA, 2007).

O objetivo geral define amplamente o que se pretende estudar. Por isso, os verbos empregados consistem em: analisar, avaliar, verificar, mostrar e explicar. Os objetivos específicos estabelecem as metas que norteiam o estudo do pesquisador. Os mesmos podem ser redigidos com verbos operacionais, tais como: identificar, medir, descrever, quantificar, dentre outros (GONÇALVES; CONDE; ARAUJO, 2011).

As questões norteadoras versam sobre a elaboração de hipóteses, as quais significam a suposição de um motivo ou uma lei formulada no sentido de explicar, mesmo que provisoriamente, um fenômeno, até que os fatos venham confirmar ou contradizer aquilo que foi suposto (CERVO; BERVIAN; SILVA, 2007).

São questões formuladas, sem um número pré-estabelecido, de maneira que auxilie na resolução do problema da pesquisa (SOUZA; FEITOSA, 2012). Substituem as hipóteses nas questões qualitativas. São específicas e intermediárias, deduzidas do problema de pesquisa e funcionam como um roteiro para a obtenção da resposta da questão principal (o problema) (GELLER, 2011).

As hipóteses formuladas na pesquisa devem apresentar caráter explicativo ou preditivo. Nesse sentido, existem diversas maneiras de elaborar hipóteses, contudo a mais utilizada versa sobre: "se x, então y", ou seja, as variáveis x e y encontram-se ligadas pelas palavras "se" e "então" (LAKATOS; MARCONI, 2010).

As hipóteses podem ser classificadas em: casuísticas, ou que se refere a algo que ocorre em determinado caso; as que se refere a frequência de acontecimentos, ou seja, mostram que determinada característica ocorre com maior ou menor frequência; associação entre variáveis, que tem como função conferir maior precisão aos enunciados científicos e, por último, as que tem relação de dependência entre duas ou mais variáveis, as quais estabelecem que uma variável interfere na outra. Nessa perspectiva, entende-se que o processo de formulação de hipótese advém de caráter criativo. Assim, não precisa necessariamente de regras para ser estabelecidas (GIL, 2010).

Segundo Lakatos e Marconi (2010), a justificativa é o componente do projeto de pesquisa no qual o pesquisador expõe as razões de ordem teórica, bem como os motivos de ordem prática que tornam relevante o desenvolvimento do estudo e, desse modo, contribuam para a aceitação dos entes financiadores. Portanto, é na justificativa que o pesquisador busca responder o porquê realizar tal estudo (BARROS; LEHFELD, 2005).

Ao descrever a justificativa o pesquisador necessita apreciar algumas peculiaridades que adequarão a justificativa às normas de construção dos trabalhos científicos. A justificativa difere da revisão bibliográfica, logo não deve conter citações de outros autores. Entretanto, é importante que o pesquisador enfatize a relevância da pesquisa no campo teórico (LAKATOS; MARCONI, 2010).

Além de não apresentar citações de outros autores, a justificativa deverá trazer: o assunto a ser investigado, a razão da escolha, o que se espera alcançar com a pesquisa, a questão a ser investigada e a relevância científica e social para o tema (SOUZA; FEITOSA, 2012)

CONCLUSÃO

Torna-se relevante o estudo desses conceitos na prática da elaboração dos projetos de pesquisa, pois os conhecimentos e entendimento melhoram substancialmente o trabalho e auxiliam para desenvolvimento das pesquisas de cunho científico.

FLUXOGRAMA

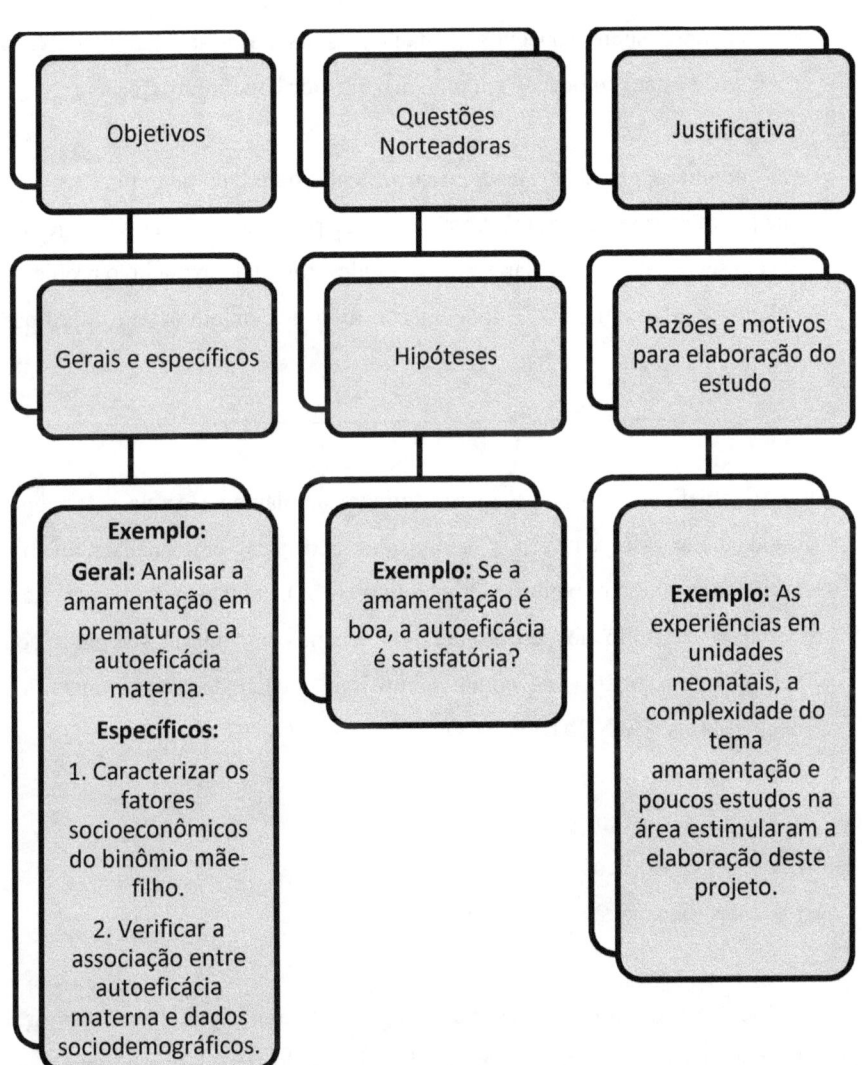

EXERCÍCIO DE FIXAÇÃO

Após a leitura do capitulo anterior, propomos o seguinte exercício para fixar os conteúdos sobre conceitos fundamentais na pesquisa científica. Nessa etapa você estará colocando em pratica o que você assimilou. Boa sorte!

1. É condição essencial que a pesquisa tenha objetivos determinados, para que assim se saiba o que procurar e o que se pretende alcançar. Os objetivos devem ser delimitados e claramente definidos, tornando explicito o problema. Lakatos e Marconi (2010) dividem o estudo dos objetivos em dois tipos. Cite-os.

_____

2. Os objetivos (....) por sua vez, definem amplamente o que se pretende estudar. Por isso, os verbos empregados consistem em: analisar, avaliar, verificar, mostrar e explicar. Os objetivos (......). estabelecem as metas que norteiam o estudo do pesquisador. Os mesmos podem ser redigidos com verbos operacionais, tais como: identificar, medir, descrever, quantificar dentre outros (GONÇALVES; CONDE; ARAUJO, 2011).

( ) norteadores/gerais
( ) gerais/intrínsecos
( ) gerais/específicos
( ) específicos/gerais

3. Versam sobre a elaboração de hipóteses, as quais significam a suposição de um motivo ou uma lei formulada no sentido de explicar, mesmo que provisoriamente, um fenômeno, até que os fatos venham confirmar ou

contradizer aquilo que foi suposto (CERVO; BERVIAN; SILVA, 2007). Substituem as hipóteses nas questões qualitativas. O contexto caracteriza que tipo de questões dentro da pesquisa científica?

___

4. É o componente do projeto de pesquisa no qual o pesquisador expõe as razões de ordem teórica, bem como os motivos de ordem prática que tornam relevante o desenvolvimento do estudo. Portanto, é na (....) que o pesquisador busca responder o porquê realizar tal estudo. A opção que responde corretamente as afirmações supracitadas é:

( ) pesquisa
( ) questões norteadoras
( ) hipótese
( ) justificativa

5. A justificativa deverá trazer: o assunto a ser investigado, o que se espera alcançar com a pesquisa e a relevância científica e social para o tema. Como já foi explicado nos capítulos anteriores, aponte assim um tema e justifique a razão de estudá-lo.

___
___
___
___
___

REFERÊNCIAS

BARROS, A. J. S; LEHFELD, N. A. S. **Fundamentos de metodologia científica**: um guia para a iniciação científica. 2º ed. São Paulo: Makron Books, 2005.

CERVO, A. L.; BERVIAN, P. A.; SILVA, R. **Metodologia científica**. 6 ed. São Paulo: Pearson Prentice Hall, 2007.

GELLER, G. (Coord.). **Manual para Formatação de Trabalhos Acadêmicos**. Santarém: Faculdades Integradas de Tapajós. 2011.

GIL, A. C. **Como elaborar projetos de pesquisa**. 5. ed. São Paulo: Atlas, 2010.

GONÇALVES, A.; CONDE, J. L.; ARAUJO, M. E. M. **Manual de Orientação Metodológica para Trabalhos Acadêmicos**. 2º ed. Cruzeiro (SP), 2011.

LAKATOS, E. M.; MARCONI, M. A. **Fundamentos de Metodologia Científica**. 7. ed. São Paulo: Atlas, 2010.

SOUZA, F. S.; FEITOSA, M. L. O. F. **Metodologia do Trabalho Científico**. Manaus: ESBAM, 2012.

CONSIDERAÇÕES SOBRE MARCO TEÓRICO/REFERENCIAL NA PESQUISA CIENTÍFICA
Considerations on theoretical/referential mark in scientific research

RESUMO

No projeto de pesquisa científica, considera-se como básica uma reflexão breve acerca dos fundamentos teóricos que irão embasar a pesquisa. O presente trabalho objetiva descrever o que a literatura aborda sobre marco teórico/referencial. O marco teórico é o alicerce para deduções e fonte de hipóteses, principalmente em estudos quantitativos. O referencial teórico é leitura do que já foi pesquisado a respeito do problema do trabalho. Alguns autores tratam-os como sinônimos. A importância do conhecimento e da discrepância entre os seus significados se comporta como medida primordial para a execução e delineamento do projeto de pesquisa.

Palavras-chave: Pesquisa Científica; Referencial Teórico; Marco Teórico.

ABSTRACT

In scientific research project, it is considered as a basic brief reflection about the theoretical foundations that will base the search. This paper aims to describe what the literature approaches on theoretical/referential mark. The theoretical mark is the foundation to source deductions and assumptions, especially in quantitative studies. The theoretical reference is the reading in what has already been researched about the problem. Some authors treat them as synonyms. The importance of knowledge and the discrepancy between their meanings is a primary measure for the performance and design of the research project.

Keywords: Scientifc Research; Theoritical Reference; Theoretical Mark.

INTRODUÇAO

A literatura indica divergência quanto à sinonímia entre marco teórico e referencial. Na construção da revisão bibliográfica ou referencial teórico, inicialmente identificam-se as fontes adequadas ao desenvolvimento da pesquisa. Nessa etapa, a contribuição do orientador é primordial, uma vez que o mesmo, além de indicar qual o melhor banco a ser utilizado, pode também recomendar a consulta a especialistas ou pessoas que já realizaram pesquisas na mesma área. Assim, tais pesquisadores poderão fornecer não apenas informações sobre o que já foi publicado, mas também a apreciação crítica do material a ser consultado (GIL, 2002).

O presente trabalho objetiva descrever o que a literatura aborda sobre marco teórico/ referencial.

DESENVOLVIMENTO

O marco teórico é essencial para qualquer estudo, pois será a base para deduções e fonte de hipóteses em estudos quantitativos. Indica a maneira como será visto o problema, sob qual perspectiva será abordado. Traz em seu bojo conceitos que serão questionados e delimita a maneira como a questão será elaborada (EITERER, 2008). O levantamento referencial tem a finalidade de proporcionar familiaridade do pesquisador com a área de estudo na qual está interessado, bem como sua delimitação (GIL, 2010).

Segundo Santos (2010), o marco teórico compreende a teoria do conhecimento sobre um tema especifico na pesquisa, bem como a tendência metodológica para operacionalizar o objeto do estudo. Nessa seção, aponta-se a linha teórica relacionada ao enfoque do pesquisador, seguidas de comentários e inferências. O pesquisador deverá sustentar seu juízo de valor ancorando-se no acervo bibliográfico. No marco teórico, o pesquisador esclarece os fatos que a pesquisa se propõe realizar. Na obstante, marco teórico na visão de Lakatos e Marconi (2006) não é apenas uma descrição, fatos levantados de forma empírica, mas delineação de um caráter interpretativo. Dessa forma, é imprescindível a correlação do objetivo da pesquisa com o que se tem disponível do universo teórico para que o significados dos dados levantados sejam comprovados em outros estudos.

Nessa perspectiva, o pesquisador deverá realizar leituras, fichamentos, além de resumos de trabalhos que anteriormente abordaram o mesmo tema/problema em que o pesquisador busca desenvolver em sua pesquisa, com o propósito de evitar repetição do mesmo estudo. Tal revisão pode ser realizada por consulta a artigos de revistas especializadas, dissertações ou teses. Contudo, o pesquisador deve priorizar um material que aponte referências recentes sobre o assunto a ser pesquisado (GONÇALVES; CONDE; ARAUJO, 2011).

Desse modo, a revisão de literatura serve para posicionar o leitor do trabalho e o próprio pesquisador acerca dos avanços, retrocessos ou áreas envoltas em penumbra. Fornece informações para contextualizar a extensão e significância do problema que se almeja. É também uma ferramenta importante no trabalho de investigação, por propiciar ao pesquisador tomar conhecimento, em uma única fonte, do que ocorreu ou está ocorrendo periodicamente no campo estudado, podendo substituir a consulta de outros trabalhos (MOREIRA, 2004).

Segundo Figueiredo (2009), os bancos de dados ou as fontes consultadas para a realização da pesquisa, concomitante a elaboração da revisão de literatura, envolve o estudo em livros, periódicos, teses, dissertações, monografias, mídia eletrônica e outros materiais que sejam cientificamente confiáveis. Assim, é importante ter o cuidado de fazer as citações com base na proposta da ABNT.

As fontes de busca referencial dividem-se em primárias, secundárias ou terciárias. As primárias representam a grande produção técnica e científica da área, composta por livros, periódicos e publicações seriadas, anais de eventos, teses, dissertações etc. As secundárias são aquelas que organizam as primárias, facilitando o conhecimento e acesso as mesmas. Podem-se citar as bibliografias, informativos, catálogos de teses. Já as terciárias orientam para a utilização das primárias e secundárias, facilitando a localização e o acesso às informações (banco de bibliografias, catálogos, calendários de eventos etc.) (ALBRECHT; OHIRA, 2000).

A finalidade da elaboração do referencial teórico é levar o pesquisador a construir conhecimentos a respeito do tema proposto (por meio de informações provenientes de diferentes fontes anteriormente mencionadas), no sentido de estudar e elucidar o problema explicitado na pesquisa. Infere-se que o critério de avaliação da revisão bibliográfica envolve a adequação e abrangência do conteúdo exposto, além da capacidade do pesquisador em argumentar e criticar, com suas próprias palavras, as posições teóricas apresentadas (MIGLIATO *et al.*, 2010).

É preciso tomar cuidado para que o levantamento bibliográfico não se torne uma "colcha de retalhos" sobre os estudos revisados pelo pesquisador, pois ela tem também o objetivo de articular os estudos revisados com o estudo proposto e com o problema da pesquisa. Ao fim da análise e interpretação, o pesquisador já deverá ter assumido conceitos próprios, construindo toda a fundamentação teórica necessária ao processo de produção de conhecimentos (TOZONI-REIS, 2009).

CONCLUSÃO

Ao final desse contexto, entende-se que o marco teórico acena para a posição que o pesquisador assume mediante as leituras realizadas em acervo bibliográfico. O referencial teórico aponta para a leitura do que já foi pesquisado a respeito do problema a ser desvelado no decorrer da pesquisa.

FLUXOGRAMA

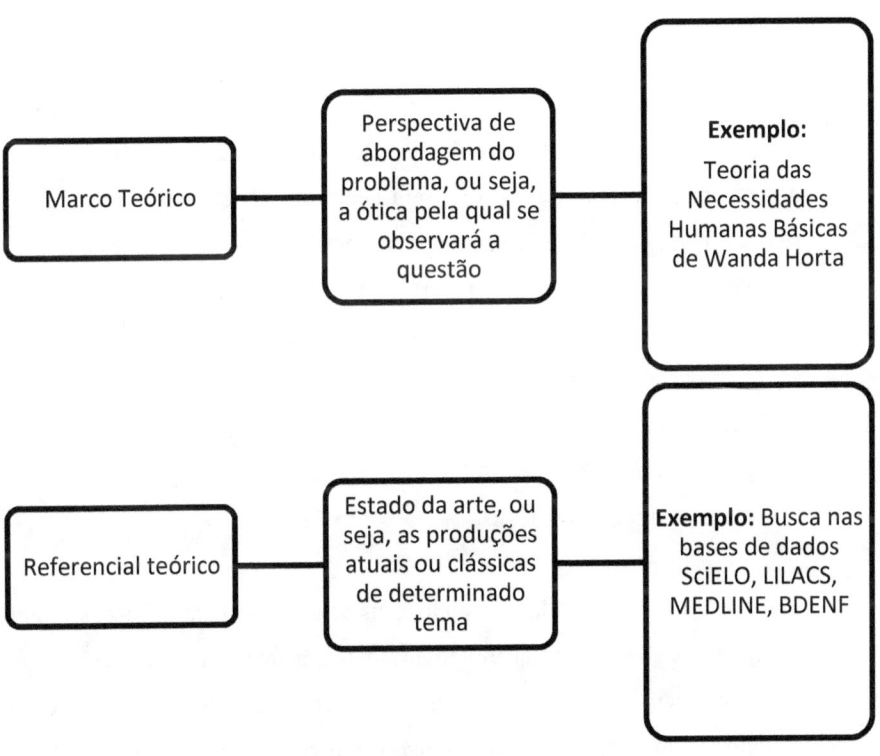

Marco Teórico/Referencial

EXERCÍCIO DE FIXAÇÃO

Ao ler e compreender os conceitos e inferências dispostos no capitulo anterior, propomos o seguinte exercício para fixar os conteúdos sobre marco teórico e referencial na pesquisa científica. Você está pronto para responder, afinal as questões foram elencadas conforme assuntos já estudados. Boa sorte!

1. O (....) é essencial para qualquer estudo, pois será a base para deduções e fonte de hipóteses em estudos quantitativos. Indica a maneira como será visto o problema, sob qual perspectiva será abordado. O levantamento (....), por sua vez, tem a finalidade de proporcionar familiaridade do pesquisador com a área de estudo na qual está interessado, bem como sua delimitação. Aponte a alternativa que completa corretamente os conceitos supracitados:

( ) referencial/marco teórico
( ) pesquisa/tema
( ) marco teórico/objeto
( ) marco teórico/referencial

2. "É essencial para qualquer estudo, pois será a base para deduções e fonte de hipóteses em estudos quantitativos. Indica a maneira como será visto o problema, bem como sob qual perspectiva será abordado". Com base nos assuntos estudados, tal conceito caracteriza marco teórico ou referencial?

_____

3. Para realizar uma pesquisa, o pesquisador deverá realizar leituras, fichamentos, além de resumos de trabalhos que anteriormente abordaram o

mesmo tema/problema que o pesquisador busca desenvolver, com o propósito de evitar repetição do mesmo estudo. Dentro deste contexto, escreva qual a importância de se realizar revisão de literatura antes de iniciar o projeto de pesquisa.

_____

_____

_____

4. As fontes de busca referencial para realizar pesquisa cientifica dividem-se em primárias e secundárias. Com base nos estudos anteriores, caracterize cada uma.

_____

_____

_____

5. Leia: É preciso tomar cuidado para que o levantamento bibliográfico não se torne uma "colcha de retalhos" sobre os estudos revisados pelo pesquisador, pois ao final da análise e interpretação, o pesquisador já deverá ter assumido conceitos próprios, construindo toda a fundamentação teórica necessária ao processo de produção de conhecimentos (TOZONI-REIS, 2009). Com base na leitura referenciada, diga qual a finalidade de se elaborar um referencial teórico para construção da pesquisa.

_____

_____

_____

_____

REFERENCIAS

ALBRECHT, R. F.; OHIRA, M. L. B. **Base de Dados:** metodologia para seleção e coleta de documentos. **Rev. ACB**, v. 5, n. 5, 2000.

EITERER, L. H. **Projeto de Pesquisa:** o que é hipótese e marco teórico. 2008. Disponível em:< http://lheiterer.blogspot.com.br/2008/01/projeto-de-pesquisa-o-que-hiptese-e.html>. Acesso em 18 jan. 2013.

FIGUEIREDO, P. M. V. **Estruturação do trabalho acadêmico-científico:** o projeto. Faculdade Moraes Júnior. Rio de Janeiro: [s.n.], 2009.

GIL, A. C. **Como elaborar projetos de pesquisa.** 5. ed. São Paulo: Atlas, 2010.

GIL, A. C. **Como elaborar projetos de pesquisa.** 4 ed. São Paulo: Atlas, 2002.

GONÇALVES, A.; CONDE, J. L.; ARAUJO, M. E. M. **Manual de Orientação Metodológica para Trabalhos Acadêmicos.** 2º ed. Cruzeiro (SP), 2011.

MIGLIATO, A. L. T. et al. **Manual para Elaboração do Trabalho de Curso.** Pontifícia Universidade Católica de Campinas/Faculdade de Administração. São Paulo: [s.n.], 2010.

MOREIRA, W. Revisão de Literatura e Desenvolvimento Científico: conceitos e estratégias para confecção. **Janus**, v. 1, n. 1, 2004.

LAKATOS, E. M.; MARCONI, M. A. **Fundamentos de Metodologia Cientifica.** São Paulo: Atlas. 2006.

SANTOS, L.C. **A pesquisa científica:** o marco referencial teórico. 2010. Disponível em:<http://www.lcsantos.pro.br/arquivos/60_A_PESQUISA_CIENTiFICA_marco_referencial01042010-191329.pdf >. Acesso em 17 jan. 2013;

TOZONI-REIS, M. F. C. **Metodologia da Pesquisa.** 2. ed. Curitiba: IESDE Brasil S.A., 2009.

ELEMENTOS PÓS-TEXTUAIS E PRINCÍPIOS ÉTICOS NA PESQUISA CIENTÍFICA
Post-textual elements and ethical principles in scientific research

RESUMO

Os elementos pós-textuais, também chamados de elementos de apoio, constituem acréscimos ao texto principal, sendo inseridos depois do texto. São representados por documentos, listas, modelos, mapas, questionários e glossários destinados a subsidiar o leitor. Esse trabalho tem por objetivo descrever os elementos pós-textuais, tais como anexos e apêndices, e abordar os princípios éticos na pesquisa cientifica. Anexos são documentos que não foram elaborados pelo próprio autor da pesquisa. Apêndices são materiais de autoria do próprio pesquisador. Vale destacar que as pesquisas que envolvam seres humanos devem ser autorizadas pelo Comitê de Ética em Pesquisa.

Palavras-chave: Apêndices; Anexos; Ética.

ABSTRACT

The post-textual elements, also called supporting elements, are additions to the main text, being entered after the text. They are represented by documents, lists, models, maps, questionnaires and glossaries to subsidize the reader. This paper aims to describe the post-textual elements, such as attachments and appendices, and discuss the ethical principles of scientific research. Attachments are documents that were not produced by the author of the research. Appendices are materials authored by researcher. It is worth noting that research involving human subjects must be approved by the Research Ethics Committee.

Keywords: Appendices; Attachments; Ethics.

INTRODUÇÃO

Anexos e apêndices são elementos pós-textuais, estando, portanto, inseridos após o texto. Tais elementos são representados por documentos, modelos, questionários, listas, índices etc., destinados a subsidiar o leitor com a possibilidade de verificação dos dados por parte do leitor. Não podem ser maiores ou mais volumosos que a parte textual (é conveniente que não se reproduza documentos extensos em sua integralidade) (CERVO; BERVIAN; SILVA, 2007). Geller (2011) ainda alerta que apêndices e anexos devem ser representados pelas letras do alfabeto, na forma maiúscula, travessão, título. Devem ser consecutivos e referenciados no texto.

Concomitante aos elementos pós-textuais, salienta-se que, no ano de 1996, o Conselho Nacional de Saúde (CNS) publicou a resolução 196, determinando que toda e qualquer pesquisa com seres humanos devem ser aprovadas por um Comitê de Ética em Pesquisa

(CEP) (HARDY *et al.*, 2004). Hoje, a resolução que vigora sobre esse assunto é a de n° 466, de 12 de Dezembro de 2012.

Deste modo, este trabalho objetiva descrever os elementos pós-textuais de um projeto científico, além de abordar os princípios éticos necessários à sua execução.

DESENVOLVIMENTO

Os anexos são documentos que não foram elaborados pelo autor do trabalho, e servem como fundamentação, ilustração ou comprovação, tais como recortes de jornal, fotografias, pequenos textos elaborados por outros autores etc. Devem ser inclusos somente se forem relevantes para a compreensão do trabalho. Fica localizado após as referências bibliográficas. (TOZONI-REIS, 2009; CERVO; BERVIAN; SILVA, 2007).

Já os apêndices dizem respeito a tabelas, quadros, gráficos, ilustrações que não figuram no texto, além de instrumentos de pesquisa. Diferente dos anexos, esses materiais são de autoria do próprio autor. Devem ter sentido, ou seja, realmente ajudar a compreender a realidade pesquisada. Ficam localizados antes das referências bibliográficas (LAKATOS; MARCONI, 2010; TOZONI-REIS, 2009; CERVO; BERVIAN; SILVA, 2007).

Segundo Porto (2009), as pesquisas envolvendo seres humanos são aquelas que, individual ou coletivamente, envolva o ser humano, de forma direta ou indireta, em sua totalidade ou partes dele, incluindo o manejo de informações ou materiais. Devem ser realizadas quando o conhecimento que se pretende obter não possa ser obtido por outro meio; obedecer à metodologia adequada; contar com recursos necessários; respeitar os valores culturais, sociais, morais, religiosos e éticos; inexistir conflito de interesses entre o pesquisador e os sujeitos da pesquisa ou patrocinador do projeto.

Devem atender a exigências éticas através do respeito aos seguintes critérios: autonomia, beneficência, não maleficência, justiça, privacidade e confidencialidade. O critério da autonomia se refere ao direito dos sujeitos à sua autodeterminação. Tal direito procura ser garantido nas pesquisas através do "Termo de Consentimento Livre e Esclarecido", bem como pela proteção a grupos vulneráveis e a pessoas legalmente incapazes (ARÇARI, 2011).

O consentimento livre e esclarecido é a anuência do sujeito da pesquisa e/ou seu representante legal, livre de vícios (simulação, fraude ou erro), dependência, intimidação ou subordinação, após explicação completa sobre a natureza da pesquisa, seus objetivos, métodos, benefícios previstos, potenciais riscos ou incômodos que possa acarretar (COSTA, 2005).

Por beneficência entende-se o comprometimento com o bem dos sujeitos, prevendo danos e riscos; por não maleficência, a afirmação do compromisso em não causar danos; por justiça, que a pesquisa tem relevância social e uma "destinação humanitária" voltada para a proteção e cuidado das pessoas e do ambiente;

privacidade e confidencialidade dizem respeito aos dados da pesquisa que envolvem a intimidade e vida privada dos sujeitos (ARÇARI, 2011).

A missão do CEP vai muito além de salvaguardar os direitos e dignidade dos sujeitos da pesquisa. Contribui também para a qualidade das pesquisas e para discussão do papel da pesquisa no desenvolvimento institucional e social, além de valorizar do pesquisador pelo reconhecimento de que sua proposta é eticamente adequada. (BRASIL, 2007). O protocolo de pesquisa a ser encaminhado para o CEP é um documento o qual deve contemplar a descrição da pesquisa em seus aspectos fundamentais, informações relativas ao (s) sujeito (s) da pesquisa, qualificação dos pesquisadores, orçamento financeiro detalhado. Os dados obtidos na pesquisa devem ser utilizados exclusivamente para a finalidade prevista no protocolo (PORTO, 2009).

CONCLUSÃO

Isto posto, percebe-se a grande importância da pesquisa com seres humanos, obedecendo todos os critérios existentes, para que os princípios sejam mantidos. Deve-se resguardar a segurança, bem-estar e dignidade dos sujeitos, além do correto uso dos elementos pós-textuais.

FLUXOGRAMA

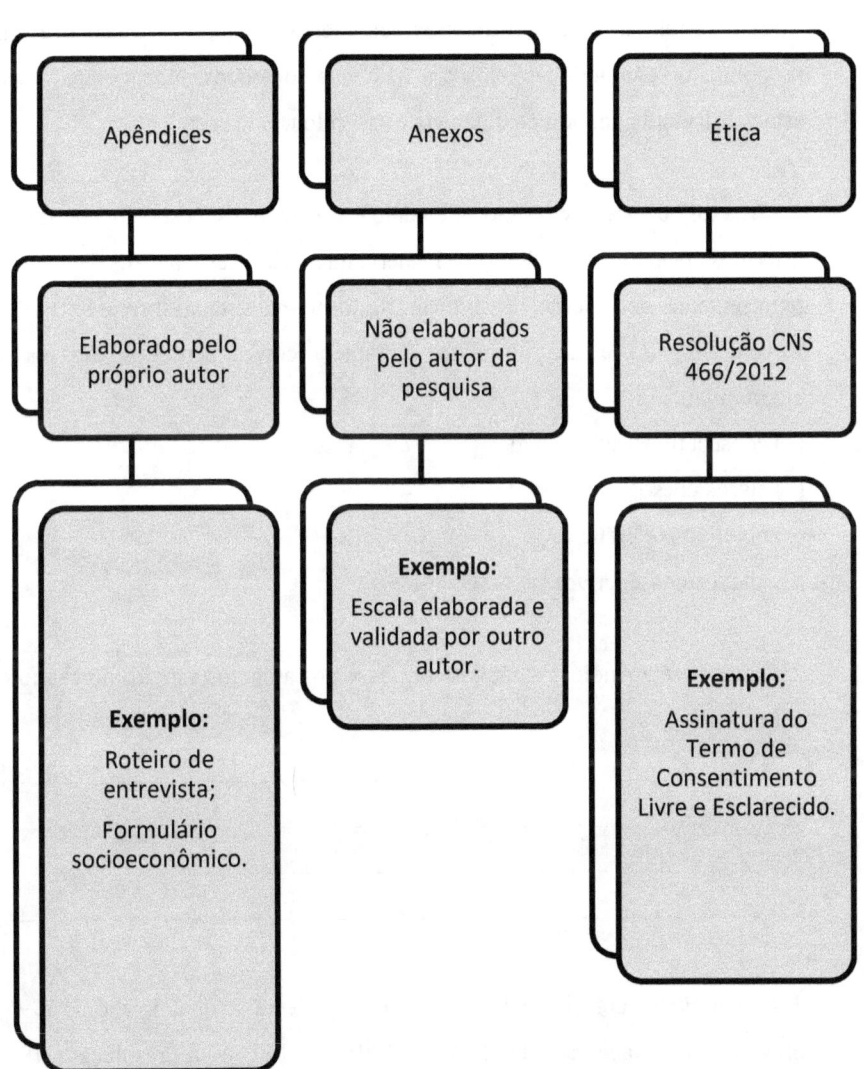

EXERCÍCIO DE FIXAÇÃO

Após a leitura do capitulo anterior sobre elementos pós-textuais e ética, propomos o seguinte exercício para fixar tais conteúdos. Nessa etapa, você estará colocando em pratica o que você assimilou. Boa sorte!

1. Anexos e apêndices são elementos pós-textuais, estando, portanto, inseridos após o texto. Geller (2011) alerta que apêndices e anexos devem ser representados pelas letras do alfabeto, na forma maiúscula, travessão, título. Devem ser (...) e (...) no texto. Completa corretamente os espaços a alternativa:

( ) consecutivos/referenciados
( ) claros/coeso
( ) objetivos/referenciados
( ) citados/consecutivos

2. Caracterize apêndices e anexos com base nos assuntos estudos no capitulo anterior.

_____
_____
_____

3. Concomitante aos elementos pós-textuais, salienta-se que, no ano de 1996, o Conselho Nacional de Saúde (CNS) publicou a resolução 196, determinando que toda e qualquer pesquisa com seres humanos devem ser

aprovadas por um Comitê de Ética em Pesquisa. Salienta-se que a resolução atual que vigora sobre esse assunto é a de N° 466, de 12 de Dezembro de 2012. As pesquisas que envolvem seres humanos são aquelas que:

_____
_____
_____
_____
_____
_____

4. O Comitê de Ética em Pesquisa tem como uma de suas missões salvaguardar os direitos e dignidade dos sujeitos da pesquisa. Conforme disposto em momentos anteriores, aponte outra missão deste comitê.

_____
_____

5. As pesquisa que envolvem seres humanos devem atender as exigências éticas por meio do respeito aos seguintes critérios: autonomia, beneficência, não maleficência, justiça, privacidade e confidencialidade. O critério da autonomia se refere ao direito dos sujeitos à sua autodeterminação. Tal direito procura ser garantido nas pesquisas por meio de que termo?

_____

REFERÊNCIAS

ARÇARI, D. M. P. (Coord.). Comitê de Ética em Pesquisa UNISEPI – UNIFIA. **Manual de Orientação.** Amparo: União das Instituições de Serviços, Ensino e Pesquisa, 2011.

BRASIL. Ministério da Saúde. Conselho Nacional de Saúde. Comissão Nacional de Ética em Pesquisa. **Manual operacional para comitês de ética em pesquisa.** Brasília. 4. ed. rev. atual, 2007. 138 p.

CERVO, A. L.; BERVIAN, P. A.; SILVA, R. **Metodologia Científica.** 6. ed. São Paulo: Pearson, 2007.

COSTA, S. **Pesquisa envolvendo seres humanos.** Florianópolis, 2005. 26 slides: color. Slides gerados a partir do *software Powerpoint*.

GELLER, G. (Coord.). **Manual para Formatação de Trabalhos Acadêmicos.** Santarém: Faculdades Integradas de Tapajós. 2011.

HARDY, E. et al . Comitês de Ética em Pesquisa: adequação à Resolução 196/96. **Rev. Assoc. Med. Bras.**, São Paulo, v. 50, n. 4, 2004.

LAKATOS, E. M.; MARCONI, M. A. **Fundamentos de Metodologia Científica.** 7. ed. São Paulo: Atlas, 2010.

PORTO, S. M. **Ética em pesquisa.** Comitê de Ética em Pesquisa: Universidade de Passo Fundo, 2009. 33 slides: color. Slides gerados a partir do *software Powerpoint*.

TOZONI-REIS, M. F. C. **Metodologia da Pesquisa.** 2. ed. Curitiba: IESDE Brasil S.A., 2009.

INSTRUMENTOS DE COLETA DE DADOS: PRÉ-TESTE E VALIDAÇÃO
Instruments for data collection: pre-test and validation

RESUMO

A coleta de dados é uma tarefa importante na pesquisa, e envolve diversos passos a serem seguidos. Em um projeto de pesquisa, deve existir a determinação da população a ser estudada, a elaboração dos instrumentos de coleta, a programação da coleta, e também o tipo de dados e de coleta. O presente estudo tem como objetivo descrever os instrumentos de coleta de dados e as etapas de pré-teste e validação. Os instrumentos de coleta de dados devem conter validez, confiabilidade e precisão. O pré-teste objetiva testar o instrumento que será utilizado na coleta de dados. A validade de construto possibilita determinar qual a característica educacional, explica a variância do teste ou seu significado. Torna-se de suma importância o conhecimento sobre esses termos dentro de uma pesquisa de cunho cientifico.

Palavras-chave: Validação; Pré-teste; Coleta de Dados.

ABSTRACT

Data collection is an important task in the research, and involves various steps to be followed. In a research project, there must be the determination of the population to be studied, the development of data collection instruments, programming the collection, and also the type and form of data collection. This study aims to describe the instruments for data collection and on pre-test and validation. Instruments of data collection should contain validity, reliability and accuracy. The pre-test aims to test the instrument to be used in data collection. Construct validity is possible to determine educational characteristic, explain the variance of the test or its meaning. It becomes extremely important the knowledge of those terms within an scientific research.

Keywords: Validation; Pre-Test; Data Colletion.

INTRODUÇÃO

A coleta de dados pode ser definida como a busca por informações para a elucidação do fenômeno ou fato que o pesquisador procura desvelar. Tal instrumento técnico é elaborado pelo pesquisador para o registro e a medição dos dados. O instrumento de coleta de dados deve conter algumas características especificas, tais como validez, confiabilidade e precisão (MIGLIATO et al., 2010).

Segundo Lakatos e Marconi (2010), a técnica de coleta de dados é utilizada para obter elementos em uma determinada pesquisa, assim como serve de subsidio para a ciência na aquisição de seus propósitos.

Diante das informações acima citadas, objetiva-se com esse trabalho descrever os instrumentos utilizados para coleta de dados e as etapas de pré-teste e validação.

DESENVOLVIMENTO

A definição do instrumento de coleta de dados dependerá dos objetivos que se pretende alcançar com o estudo. Estes podem ser diferenciados em: entrevistas, ou seja, obtenção de informações de um entrevistado sobre determinado assunto ou problema (a entrevista pode ser estruturada, quando existe um roteiro previamente estabelecido e não-estruturada, quando não existe rigor no roteiro); questionário, ou série ordenada de perguntas, que devem ser respondidas por escrito pelo informante (o questionário deve ser objetivo, limitado e acompanhado de instruções, sendo que suas perguntas podem ser abertas, fechadas ou questões que disponham de múltipla escolha) e por último, o formulário, que consiste em uma coleção de questões elaboradas e anotadas pelo entrevistador numa situação de face a face com o entrevistado (MIGLIATO *et al.*, 2010).

A entrevista é um encontro entre duas pessoas, a fim de que uma delas obtenha informações a respeito de determinado assunto, mediante uma conversação de natureza profissional. Pode ser painel (repetição de perguntas, objetivando estudar evolução de opiniões), estruturada (segue um roteiro previamente estabelecido) ou não estruturada (entrevistador tem liberdade para desenvolver cada situação em qualquer direção que considere adequada) (LAKATOS; MARCONI, 2010).

O questionário, bem como o formulário, são constituídos por perguntas padronizadas. Por isso, seu uso é mais adequado nas pesquisas de abordagem quantitativa, uma vez que são mais fáceis de serem codificados e tabulados. Isso possibilita ao pesquisador realizar comparações com outros dados relacionados ao tema estudado. Contudo, estes se diferenciam quanto à forma de aplicação: o questionário é preenchido pelo próprio entrevistado, já o formulário é preenchido pelo entrevistador (GERHARDT, 2009).

A elaboração do questionário consiste basicamente em traduzir os objetivos específicos da pesquisa em itens bem redigidos. Não existem normas rígidas a respeito da elaboração do questionário, porém, preferencialmente, elas devem ser: fechadas com alternativas suficientes para abrigar à ampla gama de respostas possíveis; levar em conta as implicações da pergunta com os procedimentos de tabulação e análise dos dados; considerar o nível de informação do entrevistando, bem como não penetrar sua intimidade; não deve sugerir respostas, etc. (GIL, 2010).

O formulário é uma lista informal, catálogo ou inventário, destinado à coleta de dados resultantes quer de observações quer de interrogações, e seu preenchimento é feito pelo próprio investigador.

Tem como vantagens a assistência direta do investigador, a possibilidade de comportar perguntas mais complexas e a garantia de uniformidade na interpretação dos dados e dos critérios pelos quais são fornecidos (CERVO; BERVIAN; SILVA, 2007).

Para Gerhardt e Silveira (2009), o pré-teste consiste na aplicação, em um pequeno grupo, de alguns exemplares do instrumento de dados a ser utilizado na pesquisa, de modo que, este teste deve ocorrer antes da aplicação do instrumento definitivo pelo pesquisador. A utilização do pré-teste nas pesquisas cientificas objetiva evidenciar possíveis falhas existentes no instrumento oficial (FIGUEREDO, 2009).

O pré-teste evidenciará três elementos de suma importância, que são fidedignidade, em que se obterá sempre os mesmos resultados, independentemente da pessoa que o aplica; a validade, a análise se todos os dados obtidos são todos necessários para a pesquisa e, por último, operatividade, que destaca se o significado das questões é claro e se vocabulário é acessível. Ele é sempre aplicado para uma amostragem reduzida, cujo processo de seleção é idêntico ao previsto para a execução da pesquisa, mas os elementos entrevistados não poderão figurar na amostra final (LAKATOS; MARCONI, 2010). Permite a estimativa na obtenção de futuros resultados, podendo inclusive alterar hipóteses e modificar variáveis.

O pré-teste ou pesquisa piloto tem como função principal testar o instrumento que será utilizado na coleta de dados. Como tem função de testar algo, é recomendado que, mesmo sendo o questionário o instrumento definitivo a ser usado na pesquisa, o emprego do instrumento no pré–teste é essencial, uma vez que o mesmo deve conter espaço suficiente para que o pesquisador anote as dificuldades de entendimento dos entrevistados, bem como as reações diante das perguntas propostas. Sanadas as falhas, reformula-se o instrumento, conservando, modificando ou ampliando itens (LAKATOS; MARCONI, 2010).

O primeiro passo é selecionar indivíduos pertencentes ao grupo que se pretende estudar, devendo ser típicos em relação ao universo pesquisado. Procede-se a contagem do tempo, e verifica-se se todas as respostas foram respondidas corretamente, se há dificuldades no entendimento, se há clareza, se as perguntas estão ordenadas e formatadas corretamente, etc. Verificando-se as falhas, deve-se reformular o instrumento, podendo ser aplicado mais de uma vez. Reforça-se que serve para verificar a fidedignidade (qualquer pessoa que o aplique obterá os mesmos resultados), validade (os dados recolhidos são necessários à pesquisa) e operatividade do instrumento (vocabulário acessível e significado claro) (GIL, 2010; LAKATOS; MARCONI, 2010).

A validação de um método pode ser entendida como um processo contínuo, cujo início ocorre no planejamento e continua ao longo de seu desenvolvimento. A validação de métodos certifica a credibilidade destes durante o uso rotineiro, além de fornecer evidências documentadas de que o procedimento adotado realiza aquilo para o qual é apontado para fazer (RIBANI et al., 2004). A validação também pode ser entendida como o processo de examinar a precisão de uma determinada predição ou inferência realizada a partir dos escores de um teste (RAYMUNDO, 2009). Deve-se sempre lembrar que a validação de um constructo está vinculada com a teoria, pois não é possível realizá-la, a menos que exista um marco teórico que embase a variável em relação a outras variáveis, sendo necessário que essas pesquisas demonstrem conceitos bem relacionados. Quanto mais elaborado e comprovado estiver o marco teórico que apóia a hipótese, maior validação do constructo (SAMPIERI; COLLADO; LÚCIO, 2006).

A validade de construto possibilita determinar qual a característica educacional que explica a variância do teste, ou seu significado. As validações são complementadas pelo pré-teste. Um teste possui validade se mede o que se propõe medir, e os dados recolhidos são necessários à pesquisa (RAYMUNDO, 2009; LAKATOS; MARCONI, 2010).

CONCLUSÃO

Conclui-se que os instrumentos de coletas de dados se configuram como elementos que sustentam a confiabilidade de sua pesquisa. Dessa forma, esses devem ser muito bem planejados e estruturados. Acredita-se que o conhecimento prévio desses conceitos direcione para um melhor desenvolvimento da pesquisa.

FLUXOGRAMA

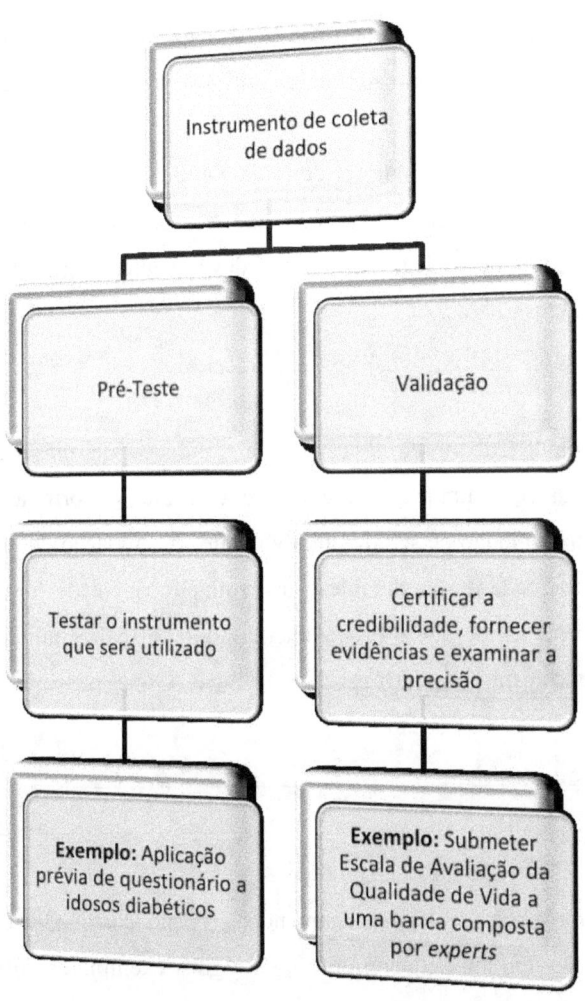

Instrumentos de Coleta de Dados

EXERCÍCIO DE FIXAÇÃO

Com base na leitura e estudos do capitulo anterior, propomos o seguinte exercício para fixar os conteúdos sobre pré-teste e validação na pesquisa cientifica. É interessante responde-lo para aprimorar seus conhecimentos. Ao final, retorne ao capitulo anterior e confira suas respostas. Boa sorte!

1. A coleta de dados pode ser definida como a busca por informações para a elucidação do fenômeno ou fato que o pesquisador procura desvelar. O instrumento de coleta de dados deve conter algumas características especificas. Cite-as.

_____

2. Segundo Ribani *et al.* (2004), a validação de um método pode ser entendida como um processo contínuo, cujo início ocorre no planejamento e continua ao longo de seu desenvolvimento. A validação de métodos certifica a credibilidade destes durante o uso rotineiro, além de fornecer evidências documentadas de que o procedimento adotado realiza aquilo para o qual é apontado para fazer. Desse modo, diga o que possibilita determinar a validade de um construto.

_____

_____

3. Complete as sentenças, marcando a opção correta: O (...) consiste na aplicação, em um pequeno grupo, de alguns exemplares do (...) de dados a ser utilizado na pesquisa, de modo que este teste deve ocorrer (...) da aplicação do instrumento definitivo pelo (...).

( ) referencial/depois/instrumento/CEP
( ) CEP/instrumento/antes/pesquisador
( ) pré-teste/documento/antes/marco teórico
( ) pré-teste/instrumento/antes/pesquisador

4. A utilização do pré-teste nas pesquisas cientificas objetiva evidenciar possíveis falhas existentes no instrumento oficial. Nessa perspectiva, aponte, com base nos estudos anteriores, a função do pré-teste.

_____
_____
_____
_____

5. Leia: "[...] mesmo sendo o questionário o instrumento definitivo a ser usado na pesquisa, o emprego do instrumento no pré-teste é essencial, uma vez que o mesmo deve conter espaço suficiente para que o pesquisador anote as dificuldades de entendimento dos entrevistados [...] Sanadas as falhas, reformula-se o instrumento, conservando, modificando ou ampliando itens" (LAKATOS; MARCONI, 2010). Descreva o "passo a passo" de como deve ser a aplicação do pré-teste.

_____
_____
_____
_____
_____
_____

REFERENCIAS

CERVO, A. L.; BERVIAN, P. A.; SILVA, R. **Metodologia Científica.** 6. ed. São Paulo: Pearson, 2007.

FIGUEREDO, P. M. V. **Estruturação do trabalho acadêmico-científico:** o projeto. Faculdade Moraes Júnior. Rio de Janeiro: [s.n.], 2009.

GERHARDT, T. E.; SILVEIRA, D. T. **Métodos de pesquisa.** Porto Alegre: Editora da UFRGS, 2009.

GIL, A. C. **Como elaborar projetos de pesquisa.** 5. ed. São Paulo: Atlas, 2010.

LAKATOS, E. M.; MARCONI, M. A. **Fundamentos de Metodologia Científica.** 7. ed. São Paulo: Atlas, 2010.

MIGLIATO, A. L. T. et al. **Manual para Elaboração do Trabalho de Curso.** Pontifícia Universidade Católica de Campinas/Faculdade de Administração. São Paulo: [s.n.], 2010.

RAYMUNDO, V. P. Construção e validação de instrumentos: um desafio para a psicolinguística. **Letras de Hoje**, Porto Alegre, v. 44, n. 3, 2009.

RIBANI, M. et al. Validação em métodos cromatográficos e eletroforéticos. **Quim. Nova**, v. 27, n. 5, 2004.

SAMPIERI, R. H ;COLLADO, C. F;LÚCIO, P. B. **Metodologia da pesquisa.** 3.ed. São Paulo: McGraw-Hill, 2006.

www.ingramcontent.com/pod-product-compliance
Lightning Source LLC
Chambersburg PA
CBHW072248170526
45158CB00003BA/1030